— 黏土花 —

留下花开
最美时

刘锦萍　著

凤凰空间生活美学事业部　出品

U0283880

江苏凤凰科学技术出版社

PREFACE
前言

　　看到我的作品时，很多人都以为我是学艺术的，甚至会说"绘画功底很不错""造型能力很强"，殊不知之前我只是艺术门外汉呢！我是财务会计专业出身，从来没有画过画，也没有受过系统的艺术教育。工作之余喜欢用各种各样的黏土捏捏花、做做草。大概六年前，我的脑海中突然迸发出一个想法：我能把爱好变成事业么？

　　我便破釜沉舟尝试了一把：辞掉工作，开了自己的工作室，专心投身于黏土花的手作中。到如今，那个曾经依赖性很强、一心只围着孩子和厨房转的我，变成了可以独当一面的"女汉子"。黏土花已然成为我的事业，手工让我变成自信而独立的人。

　　随着黏土作品不断被认可，跟随我学习的学员也越来越多。很多人都会问："没有美术功底的你是怎么做出那么生动的作品的，有什么诀窍么？"

　　首先，我想分享的诀窍是"拜大自然为师"，我作品中所有的颜色、形状都是靠平时留心观察各种植物总结而来，大自然是最好的老师。其次，要坚持不断地练习。毕竟"师傅领进门，修行靠个人"，手作不是学会了步骤就能做好的，而是要靠反复训练才能做得越来越好。最后，我想分享的是"学会跟自己较劲"。在坚持练习的基础上，手作能力的提升还需要和自己较劲，需要不断突破旧的审美、追求新的思路。

　　对读者而言，试着做一朵黏土花，或许不为事业，亦不为提升技艺，只为享受美好的手作时光，享受那种亲手赋予黏土美与生机的感觉。希望这本书能让读者学会制作出永不凋零的黏土花，让美时刻在身边绽放。

CONTENTS
目 录

CHAPTER 4 中级 37

CHAPTER 5 高级 59

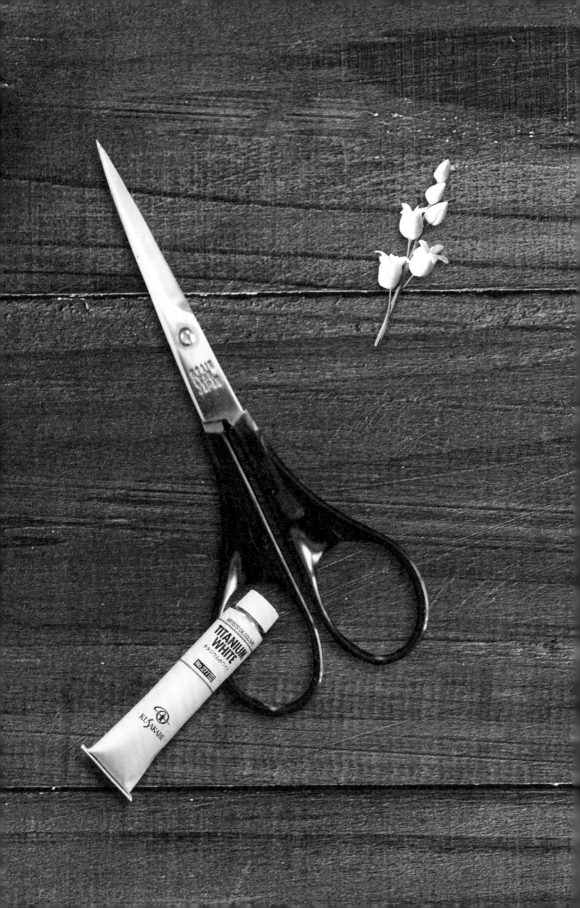

CHAPTER 1

材料
工具

材 料
material

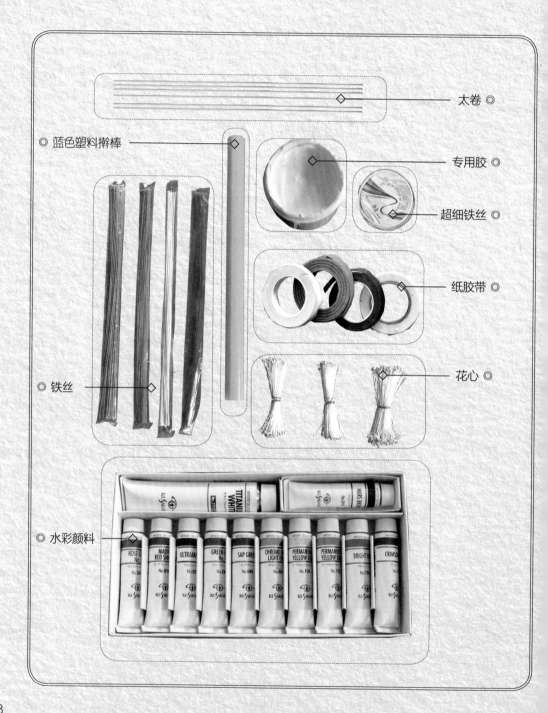

◎ 蓝色塑料擀棒

太卷 ◎

专用胶 ◎

超细铁丝 ◎

纸胶带 ◎

花心 ◎

◎ 铁丝

◎ 水彩颜料

黏土 （根据自己的喜好选择使用）

clay

◎ padico 树脂土

◎ padico 质黏土

日本面包土 ◎

泰国面包土 ◎

模具

mould

◎ 硅胶叶纹模

◎ 树脂叶纹模

切模器 ◎

工具
tool

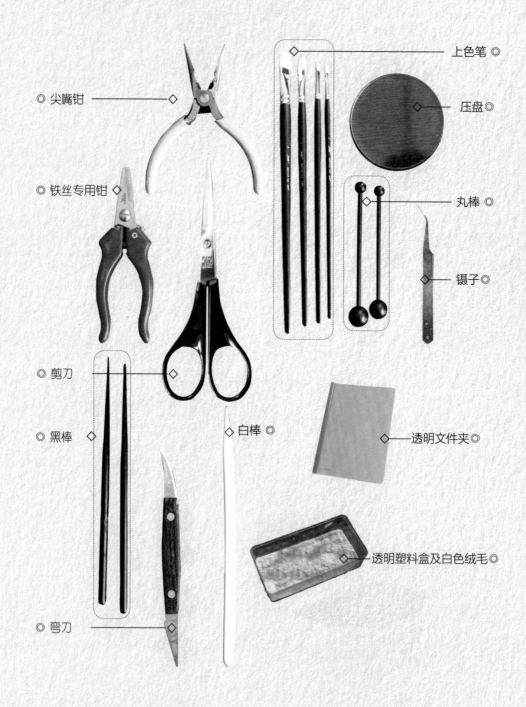

◎ 尖嘴钳

◎ 铁丝专用钳

◎ 剪刀

◎ 黑棒

◎ 弯刀

◎ 白棒 ◎

上色笔 ◎

压盘 ◎

丸棒 ◎

镊子◎

透明文件夹◎

透明塑料盒及白色绒毛◎

CHAPTER 2

叶子上色

材料

深绿色水彩颜料、红色水彩颜料、中绿色水彩颜料、浅绿色水粉颜料，白色水彩颜料、蓝色色水彩颜料、水、叶子

工具

上色笔、透明塑料袋（调色盘）

1. 取深绿色、中绿色、浅绿色、白色、蓝色五种水彩颜料备用。

2. 将上述五种水彩颜料混合，用上色笔调出想要的绿色后，从叶子的根部开始刷出晕开的效果，至距离叶根 1/3 处即可。

3. 最后在叶子的尖部用上色笔涂上红色或白色水彩颜料，这样叶子会看起来更逼真。

CHAPTER 3

HOLLY

冬青

—— 0 1 ——

冬青是一类开花的常绿乔木，树皮灰色或淡灰色，果实呈椭圆体或近球体，成熟时呈深红色。冬青广泛分部于世界各地，在中国主要分布于长江以南各省区。冬青的花语是生命，因为冬青的果实整个冬季都不会从树枝上掉下来，正好可以帮冬天找不到食物的鸟类维持生命。

材料

22号铁丝、超细铁丝、红色黏土、专用胶、咖啡色纸胶带

1. 取黄豆大小红色黏土搓圆，将圆球放于手掌，一端插入涂有专用胶的超细铁丝，感觉铁丝穿出圆球、可以隐约看到铁丝即可，晾干待用。

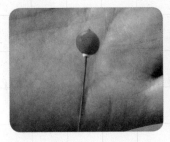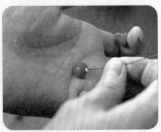

2. 取步骤 1 的 3~5 颗带铁丝的圆球用咖啡色纸胶带固定于 22 号铁丝上做成小枝桠备用。

3. 将步骤 2 的小枝桠用咖啡色纸胶带绑在 22 号铁丝上，组合出不同长短的枝桠。

4. 将步骤 3 组合的各种形状的枝桠用咖啡色纸胶带缠绕组成一大支冬青，调整形态后冬青完成。
   注：一支冬青大概需要 100 克红色黏土。

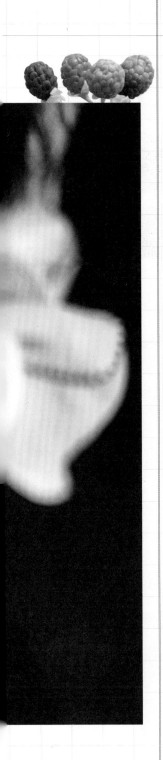

RASPBERRY
树莓

———— 0 2 ————

树莓是直立灌木，通常高 1~3 米；枝干上有刺，叶子为单叶。果实为红色，由很多小核果组成，近球形。鲁迅先生在《从百草园到三味书屋》里提过的"野山梅"指的就是树莓，他在文中描写道："每到三四月间，溪边、山谷，或是灌木丛中都能见到她的身影，越是饱满成熟就越发红得发紫。呼朋唤友寻到地头，避开刺儿小心摘下，还未及唇已是满口生津。"

材料

红色黏土、铁丝、专用胶

工具

尖嘴钳、白棒、黑棒

—— 步骤 ——

1. 取红色黏土将其搓成圆球，用尖嘴钳将铁丝打勾后涂上专用胶，将铁丝插入圆球，晾干备用。

2. 取红色黏土搓成若干迷你圆球备用。

 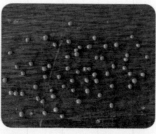

3. 步骤1做好的圆球用铁丝在表面粘满专用胶后，再将步骤2中搓好的迷你圆球把它整个黏满。

4. 用白棒细端在每个迷你圆球表面压出一道凹痕，做出树莓果实备用。

5. 取绿色黏土搓成细水滴状，然后用剪刀将粗的一端剪成5瓣，再用黑棒细端做出花萼的形状。

6. 将花萼上面粘上专用胶，把步骤4做出的树莓果实的铁丝插入花萼中，将花萼底部多余的绿色黏土用手搓到铁丝上，做出树莓枝的效果，深入调整树莓造型，树莓完成。

PRUNE
西 梅

—— 0 3 ——

西梅又称加州西梅，其实是李子的一种，原产于法国西南部，19世纪时被引入美国加州种植，目前美国加州的西梅产量约占美国西梅总产量的99%，并约占世界总西梅供给量的42%。西梅果实成熟时，表皮呈深紫色，果肉呈琥珀色，含有丰富的维生素A、抗氧化剂、膳食纤维以及铁和钾等矿物质，气味芳香甜美，口感润滑，糖分含量较高，是一种很受欢迎的水果。

材料

24号铁丝、专用胶、白色黏土、红色水彩颜料、绿色水彩颜料、水

工具

白棒、压盘、硅胶叶纹模、绿色纸胶带、透明文件夹、上色笔

1. 将 24 号铁丝涂专用胶后包裹上绿色黏土，作为西梅茎晾干待用。

2. 将黏土调成橘黄色并将其搓成梭子形的果实，将果实用黑棒压出一条凹槽，将一端戳孔后插入步骤 1 中做好的西梅茎，晾干待用。

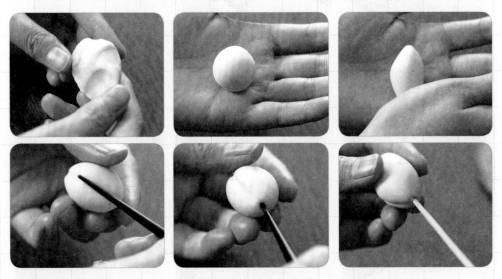

3. 取适量的绿色黏土放入透明文件夹中用压盘和硅胶叶纹模做出各种大小的叶子备用。

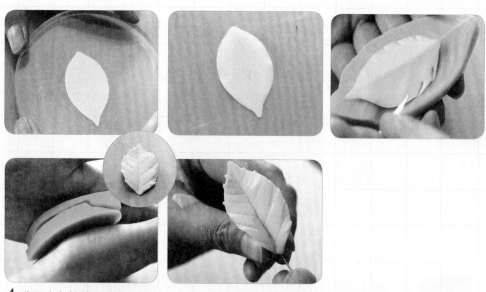

4. 先用上色笔给果实上一层红色水彩颜料后再上一层紫色水彩颜料，用绿色水彩颜料给叶子上色。

5. 用绿色纸胶带将上色后的果实和叶子组合起来。

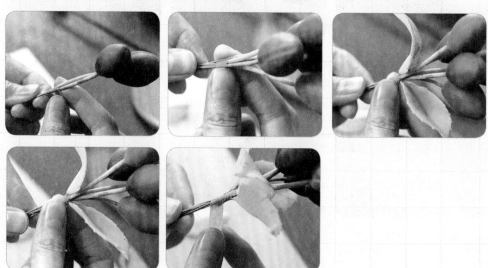

6. 把绿色黏土搓细压扁后，包裹在涂有专有胶的花茎上，用白棒在花茎上刻出纹路使其更加逼真，深入调整西梅的造型，西梅完成。

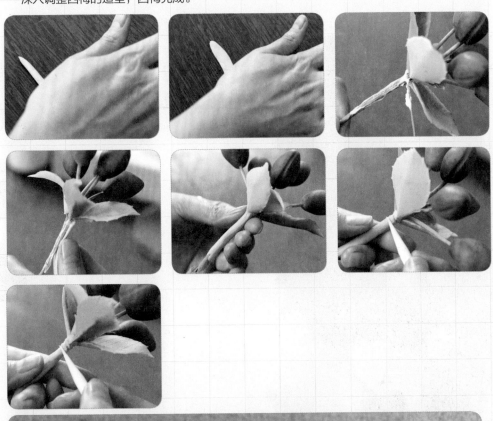

DUSTY MILLER
银叶菊

04

银叶菊别名雪叶菊、白绒毛矢车菊，是多年生草本植物，原产于巴西。银叶菊植株多分枝，高度一般在 50 ~ 80 厘米，叶片呈羽状，正反面均包裹着银白色柔毛。其银白色的叶片远看像一片白云，与其他颜色的纯色花卉配置栽植起来，观赏效果极佳，是重要的花坛观叶植物。银叶菊较为耐寒、耐旱，喜阳光充足的环境。

材料

浅绿色黏土、白色绒毛、绿色纸胶带、铁丝

工具

透明文件夹、蓝色塑料擀棒、切模器、硅胶叶纹模、黑棒、透明塑料盒

1. 取适量浅绿色黏土放在透明文件夹里用蓝色塑料擀棒擀平，将铁丝涂专用胶后放在黏土上，将另一边黏土翻过来盖住铁丝。

2. 用切模器切出叶子形状，将多余黏土去掉。

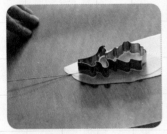

3. 叶子用硅胶叶纹模压出纹理，用黑棒调整姿态晾干待用。

4. 将叶子涂上专用胶后，放入加绒毛的透明方盒中，将盖子盖上后轻摇几下，使叶子黏满绒毛后取出，银叶菊叶子完成。重复以上步骤，制作多片叶子，用绿色纸胶带将做好的所有叶子组合，银叶菊完成。

EUCALYPTUS
尤加利

——— 0 5 ———

尤加利即桉树,主要产于澳大利亚,有六百余种,平均高度都在 30 米以上。尤加利叶片饱满、枝条纤细,是考拉最主要的食物来源之一,而其树叶及细枝可以蒸馏制成尤加利精油,深受芳疗师的喜爱。尤加利生长速度很快,木材用途广,具有很高的经济和药用价值,近年来其灰青色的枝叶也被大量用于制作鲜切花和干花,作为独特的家居装饰流行起来。

材料

白色黏土、蓝绿色水彩颜料、专用胶、绿色胶带纸、红色水彩颜料、水

工具

压盘、透明文件夹、硅胶叶纹模、黑棒、上色笔

1. 白色黏土加入蓝绿色水彩颜料调出蓝绿色黏土。将蓝绿色黏土搓圆后，放入透明文件中用压盘压成圆饼。

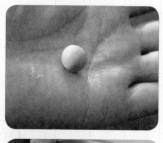 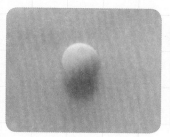 

2. 用手指沿着圆饼边缘将圆饼边缘压薄，用白棒细端画出缺口，做出叶片备用。

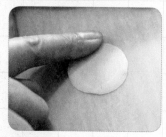 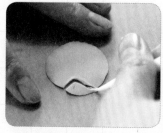 

3. 将步骤 2 的叶片放入硅胶叶纹模中压出叶片的纹理。

4. 将涂有专用胶的铁丝插入压好纹路的叶片中。

5. 用黑棒细端把叶片边缘擀出波浪状起伏使叶片看起来更逼真。

6. 在叶尖处用上色笔涂抹少许红色水彩颜料，用绿色纸胶带将叶片组合在一起，调整尤加利造型，尤加利完成。

 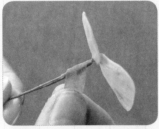 

SENECIO RADICANS

情人泪

—————— 0 6 ——————

情人泪也叫佛珠吊兰、西瓜吊兰等，学名叫翡翠珠，是一种多年生常绿匍匐生肉质草本植物，有着椭圆形球状肉质叶，原产于非洲南部。情人泪性喜温暖湿润、半阴的环境。盆栽时一般观赏情人泪悬垂的叶子，种植 3~4 年后叶子可长 1 米以上。情人泪终年翠绿欲滴，具有一定的净化空气的功能，每年 10 月份左右会开花，深得家庭养花者的喜爱，在世界范围内广为种植。

◇◇◇◇◇◇

材料

绿色黏土、铁丝、专用胶、绿色纸胶带、白色水彩颜料、水

工具

上色笔

1. 取黄豆大小的绿色黏土将其搓成带尖头的胖形水滴。

 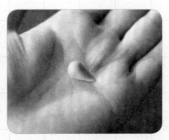

2. 涂有专用胶的铁丝插入搓好的胖形水滴，晾干待用。

3. 将晾干的尖头胖形水滴 2 个为一组，用绿色纸胶带组合一起备用。

4. 将步骤 3 的成对尖头胖形水滴组合成长短不一的长串，再用绿色纸胶带组成一大串。用上色笔在顶部涂上白色水彩颜料，调整情人泪造型，情人泪完成。

 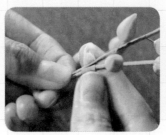 

BABY'S BREATH
满天星

07

满天星是多年生草本植物，分布广泛，一般高 30~80 厘米。叶片呈披针形或线状披针形，花小而多，花梗纤细。花型花色美丽，被广泛应用于鲜切花，是常用的插花材料，观赏价值高。

◇◇◇◇

材料
铁丝、白色黏土、专用胶、绿色纸胶带
工具
铁丝专用钳、尖嘴钳、镊子

1. 用铁丝专用钳将 26 号铁丝剪出 1/4，用尖嘴钳将另一端打勾。

2. 先将白色黏土搓圆，把铁丝粘上专用胶插入圆球。

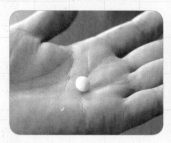 

3. 将步骤 2 的圆球用镊子将其表面挑出毛刺，晾干待用。

4. 用绿色纸胶带将步骤 3 的圆球 2~3 个一组固定后，再将 2~3 组组成满天星，调整满天星造型，满天星完成。

CEREUS CV.
FAIRY CASTLE
万重山

—————— 0 8 ——————

万重山是仙人柱的变种，属仙人掌科仙人柱属多
浆多肉植物。万重山性喜阳光，耐旱，耐贫瘠。
盆栽宜选用通气、排水良好、富含石灰质的砂质
土壤。在保证以上条件的情况下，浇水要浇透，
一般夏天 3~5 天就可能需要浇一次水，看天气预
报如果进入持续阴雨天，提前控制浇水量，尽量
使植株生长慢一些、粗胖，株形优美。如果徒长，
可以修剪，会从修剪的地方发出新枝。

—————— ◇◇◇◇◇ ——————

材料
铁丝、专用胶、绿色黏土、白色绒毛
工具
透明塑料盒、白棒

1. 铁丝涂专用胶，用浅绿色黏土把铁丝包裹后捏出四棱柱形状备用。

2. 用白棒细端在四个棱上戳出不规则的孔。

3. 做出不同粗细大小的步骤 2 的四棱柱，把小的插在大的上面。在戳好的孔上面涂上专用胶。

4. 把步骤 3 的四棱柱组合放入装有白色绒毛的透明塑料盒中使其黏上绒毛，万重山完成。

CHAPTER 4

中 级

ECHINUS
MAXIMILIANI

碧玉莲

———— 0 1 ————

碧玉莲是一种多年生常绿多肉草本植物，
原产于热带和亚热带地区，喜温暖湿润的
半阴环境，不耐高温，忌阳光直射；喜疏
松肥沃、排水良好的湿润土壤。夏季高温
要特别注意控制浇水量，春秋季节大量浇
水即可。碧玉莲生长速度很快，可使用开
口较大的花器进行栽种。

◆◆◆◆◆

材料

白色黏土、蓝色水彩颜料、绿色黏土、
绿色纸胶带、白色水彩颜料、红色水彩
颜料、铁丝、水

工具

上色笔

39

1. 将白色黏土加入适量蓝色水彩颜料和微量绿色黏土后用手反复揉搓，调出蓝绿色黏土备用。

2. 取少量蓝绿色黏土搓胖水滴形后，将一边捏扁另一边捏出棱做出叶片效果备用。

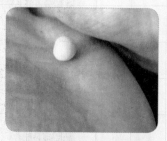

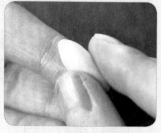

3. 将步骤 2 的两个叶片中间黏上铁丝并用多余的黏土沿着铁丝往下搓成秆子，晾干待用。

4. 在叶片边缘用上色笔上一圈白色水彩颜料，并将秆子上绿色黏土涂抹上红色水彩颜料使其呈现出淡粉色效果。

5. 将步骤 4 的秆子两个一组平行组合，在秆子上用绿色纸胶带绑好并做出各种造型，调整碧绿莲的造型，碧绿莲完成。

BERZELIA
珊瑚果

———— 0 2 ————

珊瑚果，又名绿珊瑚，是原产南非的常绿灌木，常见的有银灰色和绿色。珊瑚果植株直立，茎细长，叶针形；花微小密集，数个头状花序簇生成球，因为寓意美满、丰收和幸福成为新娘捧花中的常客。不管是与冷色系的高级灰色搭配，还是简约精致的风格，珊瑚果都能恰到好处地起到点缀作用，提升花艺作品的精致程度。

———— ◇◇◇◇◇ ————

材料

铁丝、黑色水彩颜料、绿色纸胶带、白色黏土

工具

剪刀、镊子

步骤

1. 将白色黏土加入适量黑色水彩颜料，揉搓后使白色黏土变为灰色黏土备用。

  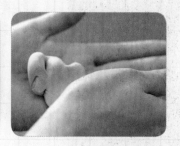

2. 用步骤 1 的灰色黏土包裹住涂有专用胶的铁丝，顶端要包裹得细一些，做成花枝备用。

3. 用步骤 1 的灰色黏土搓出几个小圆球，并将花枝的顶端插入小圆球。

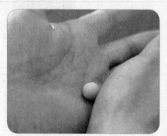 

4. 用剪刀将花枝顶端的圆球表面剪出锯齿状。

5. 用镊子在花枝上捏出纹路，使花枝看起来更逼真。

6. 将做好的花枝用绿色纸胶带组合起来，调整珊瑚果的造型，珊瑚果完成。

CONOPHYTUM
BILOBUM

少 将

——— 0 3 ———

少将是番杏科肉锥花属多肉植物，原产于南非和纳米比亚，拉丁文"*Bilobum*"的意思是两个叶子的耳朵，非常符合少将的形态特征。少将有着扁心形的对生叶，顶部有鞍形中缝，两叶细端钝圆，叶浅绿至灰绿色，顶端略呈红色，老株常密集成丛。

——— ◇◇◇◇◇ ———

材料

花心、专用胶、铁丝、黄色黏土、绿色黏土、红色水彩颜料、水

工具

弯刀、剪刀、黑棒

1. 将花心对折用专用胶固定晾干后，用剪刀修剪到需要的长度备用。

2. 取黄土黏土搓水滴状用剪刀剪出 8 瓣，用黑棒细端擀薄成花瓣并对半剪开，用黑棒细端将花朵的中间掏空。

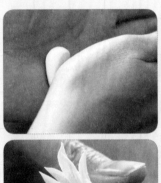  

3. 将步骤 1 的花心涂上专用胶后黏在步骤 2 的花朵中间，用剪刀剪掉花朵尾部多余的黄色黏土，晾干待用。

4. 用黄色黏土搓水滴状，用弯刀压出纹路做成花苞备用。

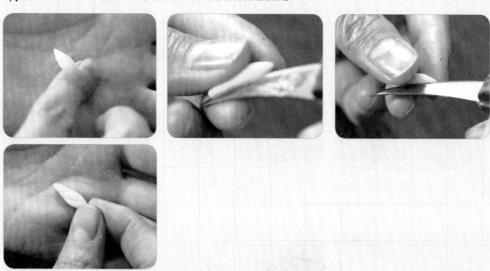

5. 取绿色黏土搓水滴状用手压扁中间剪缺口，用黑棒调整形状变成心形，将铁丝插入心形黏土底部，把做好的花或花苞涂上专用胶后黏在缺口处。

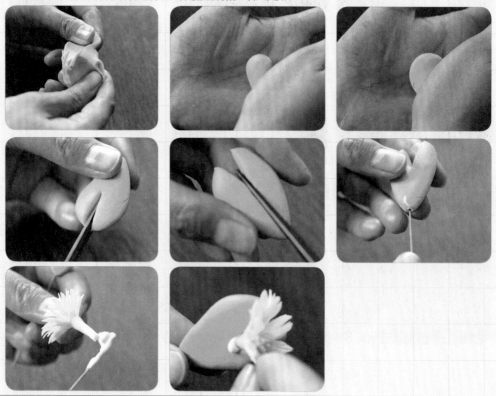

6.用上色笔将心形黏土的边缘涂上红色水彩颜料，少将完成。

LILY OF THE VALLEY
铃 兰

———— 04 ————

铃兰又名君影草、山谷百合、风铃草，是多年生草本植物。铃兰植株矮小，全株无毛，叶片呈椭圆形，花朵像下垂的铃铛，外表华美但全株有毒，原产于北半球温带。铃兰的花语是幸福归来。铃兰的美为天性浪漫的法国人所喜爱，每年的 5 月 1 日是法国的"铃兰节"。英国人也是铃兰的超级粉丝，"山谷百合"（Lily of The Valley）便是英国人对铃兰的俗称，此外，铃兰在英国还有"淑女之泪"（Lady's Tears)等雅称。而中国人则把铃兰称作"君影草"。

材料 ————◇◇◇◇◇————

白色黏土、铁丝、专用胶、花心

工具

弯刀、黑棒、白棒、蓝色塑料擀棒、树脂叶纹模

1. 取适量白色黏土搓水滴状用弯刀压出纹路做出花苞备用。

 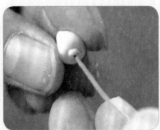 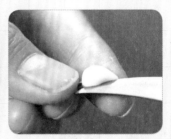

2. 将白色黏土搓出水滴状用剪刀将其尖头剪成 5 瓣，用黑棒细端压薄做出花瓣的效果，铁丝涂专用胶固定在做好的花朵底部。

3.将花瓣用手指往外翻，将花朵朝下用弯刀压出花瓣纹理并调整花瓣细节。

4.在花朵的中间插入一根花心，晾干待用。

5.将花苞和花朵按照花由上到下逐渐开放的顺序，用绿色纸胶带依次缠绕，将它们组成一串。

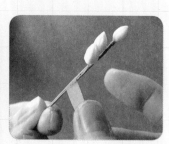

6. 取绿色黏土将其放入透明文件夹用蓝色塑料擀棒擀平，用白棒细端画出叶片形状，将叶片取出放在树脂叶纹模上用手压出叶片纹理，依此方法做出 2 片大小不一的叶子。

7. 将步骤 5 中做好的花束铁丝涂上专用胶后，用步骤 6 做好的叶片将其包裹，然后将叶子和花黏在一起，调整整体造型，铃兰完成。

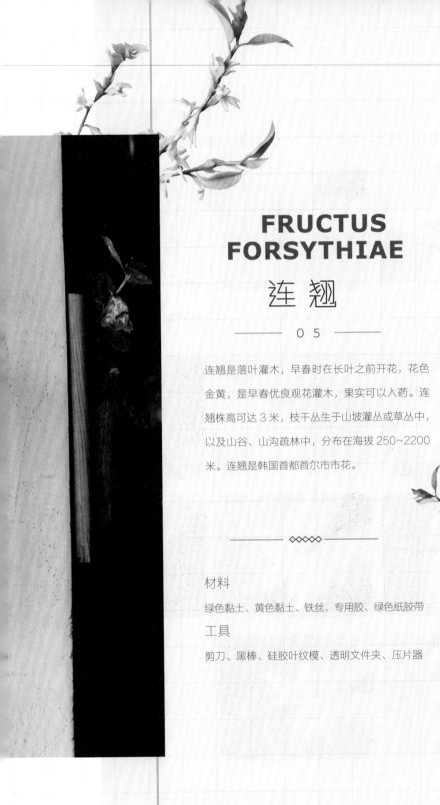

FRUCTUS FORSYTHIAE

连翘

—————— 0 5 ——————

连翘是落叶灌木，早春时在长叶之前开花，花色金黄，是早春优良观花灌木，果实可以入药。连翘株高可达 3 米，枝干丛生于山坡灌丛或草丛中，以及山谷、山沟疏林中，分布在海拔 250~2200 米。连翘是韩国首都首尔市市花。

◆◇◇◇◆

材料

绿色黏土、黄色黏土、铁丝、专用胶、绿色纸胶带

工具

剪刀、黑棒、硅胶叶纹模、透明文件夹、压片器

1. 取米粒大小的绿色黏土搓小水滴状，将涂有专用胶的铁丝插入小水滴底部，做成花心晾干待用。

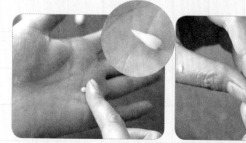

2. 取黄豆大小的黄色黏土搓成水滴状，并用剪刀将其剪 4 瓣。用黑棒细端压薄做出花瓣效果，将步骤 1 做好的花心黏在花瓣中央，并调整花瓣姿态。

3. 取绿豆大小的绿色黏土用剪刀剪出 4 瓣做花萼，将步骤 2 做好的花朵铁丝上涂上专用胶插入花萼，一朵连翘花完成调整花朵形状备用。

4. 取绿色黏土将其搓成梭子状后放入透明文件夹中，用压片器压平后取出，用硅胶叶纹模用手压出叶脉纹理，做各种大小形状的叶子，调整好形态备用。

5. 取适量绿色黏土捏尖做成叶芽包在铁丝上，将步骤 4 做好的叶子从小到大依次包在叶芽外。

6. 用绿色纸胶带将步骤 5 做好的叶芽和步骤 3 做好的花组合在一起，调整造型，连翘完成。

CHAPTER 5

高 级

CORNFLOWERS

矢车菊

—— 01 ——

矢车菊是一年生或二年生草本植物，高可达70厘米，茎枝灰白色，花序顶端排成伞房花序或圆锥花序。总苞椭圆状，盘花，蓝色、白色、红色或紫色，瘦果椭圆形。矢车菊原产欧洲，经过人们多年培育，花变大了，颜色变多了，有紫色、蓝色、浅红色、白色等品种，其中紫色、蓝色最为名贵。蓝色矢车菊被德国奉为国花，花语是遇见幸福。

◇◇◇◇◇

材料

白色黏土、红色水彩颜料、蓝色水彩颜料、铁丝、专用胶、水

工具

剪刀、压片器、透明文件夹、白棒

1. 取白色黏土加入适量红色和蓝色水彩颜料调出蓝紫色黏土备用。

2. 取蓝紫色黏土将其搓成水滴状用剪刀剪5瓣，用白棒细端压出花瓣纹理效果，做出花朵晾干待用。

3. 取蓝紫色黏土搓圆后放入透明文件夹中，用压盘器将其压扁，用白棒细端将其划分成四等份。

4. 将步骤3的四等份黏土片分用剪刀剪出细条，分别黏在铁丝上做成花心备用。

5. 将步骤2晾干的花朵尾部粘上专用胶后，黏在步骤4做好的花心上，黏满一圈后晾干备用。

6. 取绿色黏土搓成胖形水滴，用剪刀在其表面剪出鳞片状，用白棒细端将中间掏空做成花萼。

7. 将步骤5中的花朵铁丝从步骤6中的花萼尖端穿过，让其与花萼黏在一起，矢车菊完成。

PARROT TULIPS
鹦鹉郁金香

O 2

郁金香又名洋荷花、草麝香，是多年生鳞茎
草本植物，是世界著名的球根花卉，因
其外形典雅深受人们喜爱。郁金香花朵
较大，花形奇异，色彩艳丽，植株优美，
具有很高的观赏价值，深受人们的青
睐，是荷兰、阿富汗、土耳其等国
的国花，也被誉为最有观赏应用价
值的球根花卉之一。鹦鹉郁金香
是单瓣花品种，花型大而优美，
花被裂片较宽，排列有序。

◆◆◆◆◆

材料

绿色黏土、白色黏土、黄色黏土、铁丝、绿色纸胶带、
粉色水彩颜料、黄色水彩颜料

工具

剪刀、专用胶、切模器、硅胶叶纹模、树脂叶纹
模、蓝色塑料擀棒、黑棒、丸棒、上色笔

1. 调浅绿色黏土搓圆柱，捏出三棱柱的形状备用。

2. 将三棱柱一端用剪刀剪成 3 瓣，黑棒细端压出凹槽，用手调整出弧度，另一端插上涂有专用胶的铁丝，做出雌蕊备用。

3. 用白色黏土将铁丝包住后压扁，用黄色黏土搓椭圆后黏在铁丝的顶端做成雄蕊，依此方法做出 6~7 根雄蕊备用。

4. 将步骤 2 做好的 1 根雌蕊和步骤 3 做好的多根雄蕊用绿色纸胶带组合成花心备用。

5. 取白色黏土放在透明文件夹中用蓝色塑料擀棒将其擀平后放入铁丝，用切模器切出花瓣，
   依此方法做出 6 片花瓣。

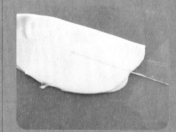  

6. 把切好的花瓣放入硅胶叶纹模中压出纹路并用黑棒和丸棒分别压出纹路和凹槽，晾干待用。

7. 用绿色纸胶带将晾干的花瓣和花心组合，并将剩余的铁丝缠上绿色纸胶带作为花茎（花秆）。

8. 用绿色黏土包住花秆，再将适量的绿色黏土放入透明文件夹中，用蓝色塑料擀棒擀平，用白棒细端画出叶子轮廓，用树脂叶纹模压出叶子的纹理做出叶子备用。

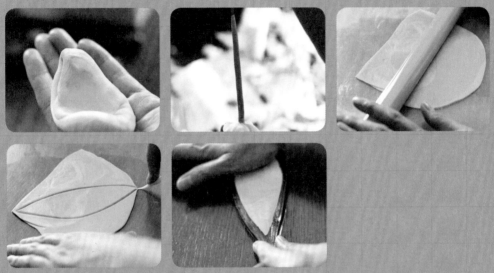

9. 在花秆底部涂上专用胶，将做好的叶子包在花秆上晾干备用。

10. 用上色笔给花瓣的顶端涂上少许粉色和黄色水彩颜料，调整鹦鹉郁金香造型，鹦鹉郁金香完成。

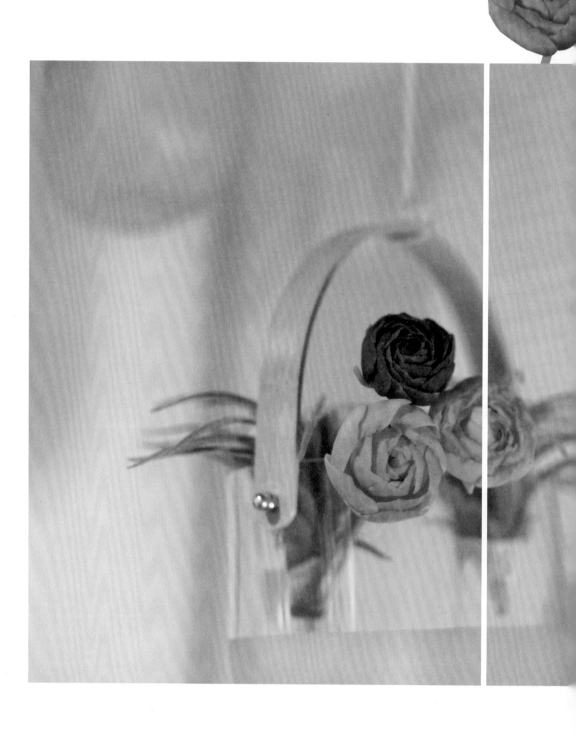

PERSIAN BUTTERCUP

洋牡丹

—— 0 3 ——

洋牡丹即花毛茛（gèn），又称芹菜花，
陆莲花，为多年生草本花卉，花色丰富，
多为重瓣或半重瓣，花型似牡丹花，叶似
芹菜叶，故常被称为芹菜花，原产于欧洲
东南部和亚洲西南部。花朵雍容秀美，花
色鲜艳夺目，虽在"国色天香"特质方面
比牡丹略逊一筹，但其神韵堪比牡丹。
1596 年英国人引入并进行人工栽培，在园
林和切花中很常见。

材料

绿色黏土、浅绿色黏土、桃红色黏土、铁丝、
水彩颜料、水

工具

丸棒、上色笔

1. 取绿色黏土搓胖形水滴并插上涂好专用胶的铁丝，做成花心晾干待用。

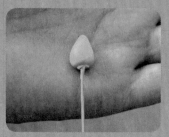

2. 取桃红色黏土搓水滴状并用拇指推出扇形花瓣，用丸棒在花瓣的下部做出凹槽，做出大小不同的花瓣 20 ~ 30 片，晾半干待用。

3. 用铁丝在步骤 1 的花心底部涂满专用胶，把晾干的花瓣分不同的层分别黏在花心上面。

4. 调浅绿色黏土搓两头尖五个压扁，并用丸棒压出凹槽做成花萼片，依此方法做出 5 片备用。

5. 把步骤 3 的铁丝上涂上专用胶并将浅绿色黏土搓长条包在上面，做成花秆。

 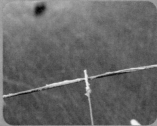 

6. 把步骤 4 的花萼依次黏在花朵下面后调整洋牡丹造型，洋牡丹完成。

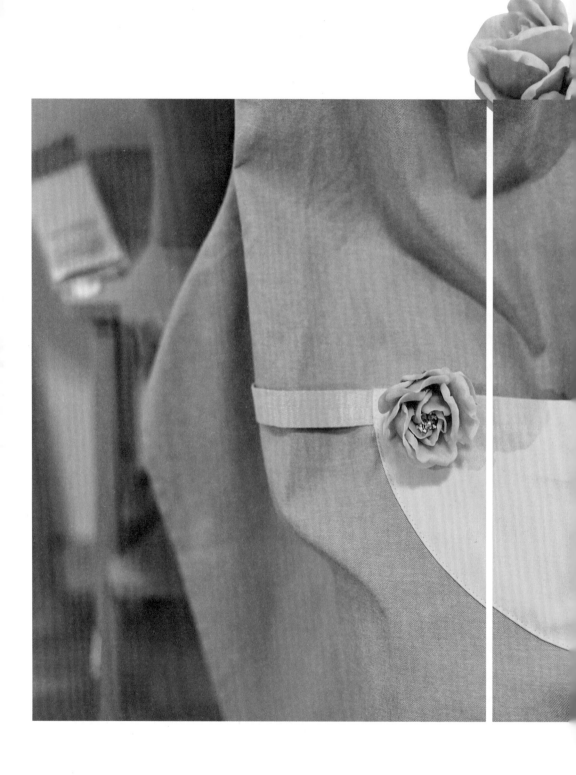

ROSA
蔷薇

04

蔷薇是部分蔷薇属植物的通称，主要指蔓藤蔷薇的变种及园艺品种，是原产于中国的一类攀援小灌木，变异性强。蔷薇茎刺较大且一般有钩，每节大致有 3~4 个；叶为羽状复叶，叶缘有齿，叶片平展但有柔毛；花为圆锥状伞房花序，生于枝条顶部，每年只开一次。蔷薇有 2000 年栽培历史，据记载中国在汉代就开始种植，至南北朝时已经大面积种植，深受国人喜爱，如成都的杜甫草堂墙边即种满了蔷薇。

◇◇◇◇◇

材料

白色黏土、花心、绿色超细铁丝、铁丝、绿色黏土

工具

丸棒、剪刀、黑棒

——— 步骤 ———

1. 取适量花心对折后用绿色超细铁丝固定于铁丝上待用。

2. 取适量白色黏土搓成水滴状，用黑棒末端擀出花瓣形状，用丸棒在边缘做出造型。

3. 把花瓣边缘往内卷，用丸棒把花瓣底部压出凹槽，做出形态不同的大花瓣 6 片、中花瓣 7 片、小花瓣 5 片的花瓣，晾干待用。

4. 把晾干的花瓣从小到大逐层黏在花心上。

5. 取绿色黏土搓成五个细水滴并压扁，在尖端用剪刀剪出锯齿做成萼片备用。

6. 在剪好的锯齿上用黑棒细端压出纹理涂上专用胶并黏在花的底部。

7. 取绿色黏土搓胖形水滴，将胖形水滴粗端涂上专用胶后穿过铁丝黏在花朵根部，把做好的花调整姿态，蔷薇完成。

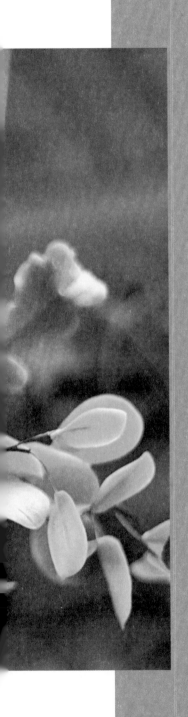

AUSTEN ROSE

奥斯汀玫瑰

—— 0 5 ——

奥斯汀玫瑰是由英国人大卫·奥斯汀(David C.H Austin) 所培育的月季品种,植株健壮,长势强盛,抗病性强,适应性强。奥斯汀的玫瑰在现代玫瑰的基础上加强了高卢蔷薇基因,使得花朵形状发生较大改变。奥斯汀玫瑰是非常出色的花园灌木植物,可表现为极为理想的灌木丛,并且拥有重瓣花朵和丰富花色,在整个生长季可连续开花。奥斯汀玫瑰也因多样且浓郁的香味而闻名。

◆◇◆◇◆

材料

绿色黏土、专用胶、粉色黏土

工具

丸棒、黑棒、剪刀

1. 取适量粉色黏土搓成水滴状，用黑棒末端擀出花瓣的形状并用丸棒在边缘做出造型。

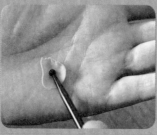

2. 重复步骤 1 做出 3 个大小不一的花瓣，把 3 个花瓣从小到大依次黏成一组花瓣，做大中小三种花瓣各 8 组。

3. 取适量花心对折后用铁丝固定，将花心周围缠几圈粉色黏土，并在黏土周围涂上几圈专用胶。

4. 做出大小与姿态不同的花瓣晾半干待用。

5. 把晾好的花瓣从小到大逐层黏在步骤3的花心上。先黏步骤2中的花瓣再依次黏上步骤4做好的花瓣。

6. 在花底部涂上专用胶，取绿色黏土搓细水滴5个压扁，用剪刀剪出锯齿用黑棒压出纹理，并黏在花的底部。

7. 将绿色黏土搓成胖形水滴形，穿过铁丝黏在花的根部调整奥斯丁玫瑰造型，奥斯丁玫瑰完成。

DAHLIA
大丽花

—— 06 ——

大丽花别名大理花、天竺牡丹、东洋菊、大丽菊、地瓜花等，是多年生草本植物，有巨大棒状块根。大丽花茎直立，多分枝，高 1.5~2 米。据统计，大丽花品种已超过3 万个，是世界上品种最多的花卉之一。大丽花花型花色多样，是世界名花之一；另可活血散瘀，有一定的药用价值。大丽花原产于墨西哥，墨西哥人把它视为大方、富丽的象征，因此将它尊为国花。

材料

铁丝、绿色黏土、紫色黏土、专用胶

工具

透明文件夹、压片器 、硅胶叶纹模、剪刀

1. 取适量绿色黏土搓成胖形水滴，将铁丝涂上专用胶插入胖形水滴，做成花心晾干待用。

 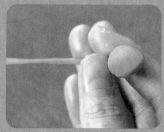

2. 取适量绿色黏土搓成两头尖，做成 6~7 个绿色花蕊备用。

3. 取适量紫色黏土搓成两头尖，并用压盘压扁，再用硅胶叶纹模压出纹路调整花瓣形态，做出大小花瓣各 20 片左右备用。

4. 在花心涂上专用胶，将步骤2做出的绿色花蕊黏在花心上，再依次分层将紫色花瓣黏在花心上。

5. 取绿色黏土搓两头尖压扁并对折，把对折后的绿色黏土用剪刀剪出锯齿形状，涂上专用胶后黏在花的根部，调整大丽花造型，大丽花完成。

图书在版编目（CIP）数据

黏土花：留下花开最美时 / 刘锦萍著．-- 南京：
江苏凤凰科学技术出版社，2019.2
ISBN 978-7-5537-9806-6

Ⅰ．①黏… Ⅱ．①刘… Ⅲ．①粘土－人造花卉－手
艺品－制作 Ⅳ．① TS938.1

中国版本图书馆 CIP 数据核字 (2018) 第 257852 号

黏土花　留下花开最美时

著　　　者	刘锦萍	
项 目 策 划	苑　圆　郑亚男	
责 任 编 辑	刘屹立　赵　研	
特 约 编 辑	苑　圆	

出 版 发 行	江苏凤凰科学技术出版社
出版社地址	南京市湖南路1号A楼，邮编：210009
出版社网址	http://www.pspress.cn
总 经 销	天津凤凰空间文化传媒有限公司
总经销网址	http://www.ifengspace.cn
印　　　刷	北京博海升彩色印刷有限公司

开　　　本	710 mm×1000 mm　1 / 16
印　　　张	5.5
版　　　次	2019年2月第1版
印　　　次	2019年2月第1次印刷

标 准 书 号	ISBN 978-7-5537-9806-6
定　　　价	48.00元

图书如有印装质量问题，可随时向销售部调换（电话：022—87893668）。